REDA EL-MERNISSI

Didática da química e ICTE: em direção a métodos de ensino digitais

REDA EL-MERNISSI

Didática da química e ICTE: em direção a métodos de ensino digitais

Didática da química e ICTE: para uma pedagogia digital interactiva

ScienciaScripts

Imprint

Any brand names and product names mentioned in this book are subject to trademark, brand or patent protection and are trademarks or registered trademarks of their respective holders. The use of brand names, product names, common names, trade names, product descriptions etc. even without a particular marking in this work is in no way to be construed to mean that such names may be regarded as unrestricted in respect of trademark and brand protection legislation and could thus be used by anyone.

Cover image: www.ingimage.com

This book is a translation from the original published under ISBN 978-620-6-72304-2.

Publisher:
Sciencia Scripts
is a trademark of
Dodo Books Indian Ocean Ltd. and OmniScriptum S.R.L publishing group

120 High Road, East Finchley, London, N2 9ED, United Kingdom
Str. Armeneasca 28/1, office 1, Chisinau MD-2012, Republic of Moldova, Europe
Managing Directors: Ieva Konstantinova, Victoria Ursu
info@omniscriptum.com

Printed at: see last page
ISBN: 978-620-8-40573-1

CIÊNCIA
EDUCAÇÃO
Dr. REDA EL-MERNISSI

Didática da química e ICTE: para uma pedagogia digital interactiva

Dedicação

Com a expressão da minha gratidão, dedico esta modesta obra àqueles por quem, independentemente dos termos abraçados, nunca consegui exprimir o meu amor sincero.

Dedico este livro à alma do meu querido pai AYAD EL-MERNISSI. Não há palavras para exprimir a dor que sinto desde que partiste. Todos os dias penso em ti e sinto-me incompleto sem ti. A tua partida deixou um vazio que ninguém será capaz de preencher. Que Deus tenha a sua alma na sua misericórdia e o perdoe.

À mulher que sofreu sem me deixar sofrer, que nunca disse não às minhas exigências e que não se poupou a esforços para me fazer feliz: a minha querida mãe CHAMA EL-HADDAD.

À minha mulher RADIA ES SEBBANI, que nunca deixou de me ajudar, encorajar e apoiar ao longo dos meus estudos. Que Deus a proteja e lhe dê saúde e felicidade.

Às minhas flores Roeya e Niema, peço a Deus que me ajude a educá-las e a guiá-las no caminho certo.

Aos meus queridos irmãos e irmãs, obrigado por estarem sempre ao meu lado com a vossa presença e o vosso amor para dar sabor e sentido à nossa vida familiar.

Aos meus amigos e colegas, pelo seu encorajamento e por todos os bons momentos que passámos juntos. Espero que a nossa amizade perdure para sempre.

A todos aqueles que me amam e a quem eu amo.

A todos aqueles que me ajudaram de alguma forma

Introdução geral

O nosso livro de investigação insere-se no domínio da didática da química. Pretendemos valorizar a integração das TIC no processo de ensino no caso da aula intitulada "Transformações espontâneas em pilhas e recolha de energia: transferência indireta de electrões". De facto, nos últimos tempos temos notado uma especial apetência pela utilização e integração das TIC no ensino da química. Esta estratégia tornou-se parte integrante do quotidiano do professor de uma escola secundária qualificada.

A modelização ou as simulações permitem "visualizar ou mostrar" conceitos ou fenómenos a uma escala nanoscópica, facilitando geralmente a sua compreensão por parte dos alunos. As TIC são como microscópios "mágicos", permitindo que os alunos façam viagens ao mundo dos átomos e das moléculas, estimulando a sua criatividade, imaginação e aprendizagem. Por sua vez, os alunos mostraram-se motivados pelas actividades leccionadas com recurso às tecnologias da informação e da comunicação. O ensino com recurso às ferramentas TIC também incentiva os alunos e os professores a apropriarem-se e a dominarem uma dupla prática: a atividade pedagógica prática e o domínio das ferramentas tecnológicas.

No entanto, este livro apresenta os resultados de um trabalho que realizámos em 10 aulas de ciências (SVT, PC e SM) em duas escolas secundárias marroquinas. O objetivo deste trabalho é testar o impacto da integração das TIC no ensino das ciências e da química no nível secundário em Marrocos e também responder a um questionário preenchido pelos alunos que beneficiaram apenas de uma experiência e outro grupo beneficiou da formação de uma experiência e também destas ferramentas do programa TIC.

Autor

Dr. Reda El-Mernissi

Lista de abreviaturas

SITE	A Sociedade Internacional de Tecnologia na Educação
TIC	Tecnologias da informação e da comunicação
SVT	Ciências da vida e da terra
PC	Física e Química
SM	Ciências Matemáticas

Índice

Introdução

Numerosos estudos descreveram os obstáculos à integração da tecnologia no ensino. A investigação agrupou estas barreiras em duas grandes categorias: barreiras de primeira ordem, relacionadas com factores externos, como o acesso à tecnologia e ao equipamento, e barreiras de segunda ordem, relacionadas com factores internos, como as convicções e competências dos membros da escola. Na última década, à medida que as escolas se foram equipando cada vez mais com tecnologias digitais, o foco da investigação passou das barreiras de primeira ordem para as barreiras de segunda ordem. Os resultados de estudos mais antigos que examinam a relevância das barreiras à tecnologia são difíceis de aplicar à situação atual, e a interação exacta destes tipos de barreiras permanece pouco clara.

1. Integrar a tecnologia nas aulas de ciências

Vários estudos definiram e mediram a integração da tecnologia, também referida como adoção ou assimilação da tecnologia na educação [1], dependendo do objetivo do estudo, a integração da tecnologia pode ser conceptualizada a um nível quantitativo ou qualitativo [2]. Um enfoque nos aspectos quantitativos da integração tecnológica fornece uma visão geral da frequência descritiva da utilização da tecnologia, enquanto um enfoque qualitativo na integração tecnológica inclui medidas normativas como a eficácia, o alinhamento com as práticas pedagógicas ou a eficácia da utilização da tecnologia para o ensino e a aprendizagem [2]. As medidas quantitativas de integração tecnológica parecem bastante simples, mas os problemas metodológicos podem afetar a sua aplicação. Por exemplo, uma estimativa do número médio de minutos por semana que um aluno passa a utilizar um computador ou a Internet tem sido utilizada como uma taxa de utilização da tecnologia educativa [3]. No entanto, as estimativas globais de tempo podem ser difíceis de calcular, e é difícil avaliar as flutuações de frequência com uma pontuação global. Por esta razão, alguns estudos incorporaram estimativas mais globais e menos precisas que se centram na percentagem relativa de tempo gasto na utilização das TIC em vez de minutos exactos: num recente inquérito europeu em grande escala aos professores, por exemplo, a utilização global das tecnologias digitais foi medida utilizando classificações separadas das percentagens de utilização das TIC por alunos e professores nas aulas [4]. Os itens relativos à frequência de utilização de dispositivos técnicos específicos ou à frequência de utilização de ferramentas para determinados fins foram condensados para análise posterior. No entanto, estas escalas podem ser difíceis de interpretar, uma vez que a informação sobre a frequência de utilização de ferramentas individuais é misturada com informação sobre a variedade de ferramentas ou o objetivo das ferramentas. Foram encontrados problemas com os instrumentos de inquérito que tentam avaliar aspectos qualitativos da integração tecnológica, tais como tornar a aprendizagem dos alunos mais ativa ou ajudar os alunos a resolver problemas [5]; além disso, os objectivos da integração tecnológica foram avaliados como a utilização da tecnologia para actividades centradas no aluno e a facilitação de tarefas de pensamento de alto nível [6]. Outros estudos forneceram avaliações bastante amplas e atribuíram classificações bastante amplas e globais para a abrangência e a confiança na integração da tecnologia para a inovação educativa e tentaram correlacioná-las com os resultados dos alunos [7].

2. Obstáculos à integração dos CTIE no ensino e na aprendizagem

Foram desenvolvidos vários modelos teóricos para identificar e clarificar os principais factores que promovem e dificultam a utilização da tecnologia na sala de aula por professores e alunos. Os modelos que visam explicar a utilização da tecnologia podem ser classificados em duas categorias distintas: modelos que identificam barreiras à utilização da tecnologia e se centram na remoção de barreiras, e modelos que destacam factores facilitadores e a acumulação de competências [8]. Estudos demonstraram que a remoção de barreiras afecta não só a utilização destas tecnologias pelos professores, mas também a utilização de computadores como ferramentas de aprendizagem pelos alunos [9]. A investigação sobre os factores que impedem a utilização de computadores distinguiu entre barreiras, como a falta de hardware e software, designadas por barreiras de primeira ordem, e barreiras mais profundas, como a falta de competências dos professores, designadas por barreiras de segunda ordem [10]. Esta proposta de categorização dos obstáculos foi testada empiricamente e confirmada por vários investigadores [11]. Os obstáculos de primeira ordem, como a disponibilidade de dispositivos digitais, foram reduzidos nas últimas décadas, mas os obstáculos internos, como as competências dos professores, continuam a existir e são mais difíceis de ultrapassar. Estudos recentes efectuados nos Estados Unidos parecem confirmar esta hipótese. No entanto, as barreiras abordadas variam consideravelmente. [12] identificou as atitudes e crenças sobre a tecnologia e os níveis actuais de conhecimentos e competências como os obstáculos mais significativos à utilização da tecnologia pelos professores. Em entrevistas qualitativas, [13] constatou que as barreiras externas continuam a existir, mas a superação das barreiras internas é mais relevante, e outro estudo mostrou que o conforto das funções informáticas (barreira de segunda ordem) era um dos mais fortes preditores da intenção dos professores de utilizarem os meios informáticos nas escolas [6]. Estudos demonstraram que as soluções para as barreiras de primeira ordem afectam significativamente, tanto direta como indiretamente, as barreiras de segunda ordem, de modo a ativar os professores para utilizarem a tecnologia em tarefas superiores e inferiores [11]. Em resumo, verificou-se que as barreiras de primeira e segunda ordem têm um impacto na utilização ou integração da tecnologia na sala de aula. Em geral, os dados indicam uma tendência para o aumento da importância das barreiras de segunda ordem e as barreiras de primeira ordem podem ainda constituir um problema importante, uma vez que a interação exacta com estes tipos de barreiras ainda não é clara.

3. Como melhorar as competências dos professores

A necessidade de os professores utilizarem a tecnologia para melhorar a prática do ensino e a aprendizagem dos alunos tem-se tornado cada vez mais evidente. Uma das principais formas de ajudar os professores a utilizar a tecnologia de forma mais eficaz é através do desenvolvimento profissional. O desenvolvimento profissional é oferecido aos professores em exercício para melhorar os seus conhecimentos, estratégias e outras caraterísticas que podem influenciar positivamente o seu ensino [14]. Dados empíricos demonstraram que muitos programas de desenvolvimento profissional são eficazes para melhorar a forma como os professores integram a tecnologia nas suas salas de aula; os professores que recebem um desenvolvimento profissional de qualidade têm mais probabilidades de ver as suas competências e capacidades melhoradas [15]. Dada a recente evidência da importância das crenças de valor na forma como os professores acabam por integrar a tecnologia, os investigadores apelaram a que os programas de desenvolvimento profissional também abordassem as crenças de valor dos professores sobre a utilização da tecnologia de ensino [16]. No entanto, até à data, poucos estudos responderam ao apelo para examinar a relação entre a exposição ao desenvolvimento profissional e as crenças de valor dos professores sobre a tecnologia. Uma melhor compreensão deste tópico apoiaria os esforços para direcionar as crenças de valor como um resultado do desenvolvimento profissional. Além disso, uma análise mais integrada da influência relativa da exposição ao desenvolvimento profissional na perceção da capacidade dos professores e nas crenças de valor ofereceu uma imagem mais holística de como os programas de desenvolvimento profissional podem ajudar os professores a utilizar a tecnologia de forma mais coerente e direcionada. Para conceber programas de desenvolvimento profissional eficazes e orientados, é necessário compreender os possíveis resultados para os professores, e é necessário que as instituições invistam em programas de desenvolvimento profissional, sendo também necessária mais investigação para compreender os diferentes factores que podem influenciar a eficácia destes esforços.

4. Como é que o desenvolvimento profissional melhora a integração tecnológica

O objetivo dos programas de desenvolvimento profissional no domínio da tecnologia é ajudar os professores a utilizarem a tecnologia de forma mais consistente e intencional. No entanto, os investigadores observaram que a exposição ao desenvolvimento profissional é muitas vezes indireta, mediada por variáveis como a perceção da capacidade e as crenças do sujeito [17]. A integração eficaz das tecnologias começa com a mudança dos professores, pelo que os programas de desenvolvimento profissional destinados a alterar o modo como as tecnologias são utilizadas na sala de aula devem também visar factores relacionados com os professores [18]. A investigação empírica também apoiou o papel mediador da perceção das capacidades e das crenças de valor. Por exemplo, num estudo aprofundado de 1382 professores em exercício, Inan e Lowther concluíram que um aumento das competências tecnológicas dos professores estava associado a ganhos na perceção das capacidades e das crenças de valor [19]. De acordo com os resultados do seu estudo, as capacidades e as crenças de valor podem também mediar a relação entre as competências tecnológicas adquiridas através do desenvolvimento profissional e as práticas de integração tecnológica dos professores, uma vez que estas variáveis têm uma influência direta na medida em que os professores integram a tecnologia na sala de aula. Os estudos têm demonstrado especificamente como a exposição ao desenvolvimento profissional pode contribuir para melhorar a utilização da tecnologia pelos professores. O objetivo dos programas de desenvolvimento profissional no domínio da tecnologia e dos esforços de integração da tecnologia em geral é tirar partido das ferramentas tecnológicas disponíveis para melhorar a aprendizagem dos alunos. A Sociedade Internacional para a Tecnologia na Educação (SITE) estabeleceu normas para os educadores que fornecem diretrizes para incentivar os alunos.

A eficácia dos programas de desenvolvimento profissional é frequentemente medida pela quantidade de tecnologia utilizada pelos professores e pelos tipos de tecnologia utilizados [20], e os investigadores tendem a falar sobre as ferramentas que os professores utilizam e a frequência com que as utilizam. De facto, o objetivo final do desenvolvimento profissional dos professores em matéria de tecnologia é ajudar os professores a dominar a integração da tecnologia para melhorar os resultados dos alunos (SITE, 2020), os desenvolvimentos profissionais influenciam a aprendizagem dos alunos [21] e a forma como a tecnologia é integrada facilita o processo de aprendizagem [22]. É evidente que os professores desenvolvem experiências de aprendizagem de qualidade, enriquecidas pela tecnologia, que permitem aos alunos desenvolver as suas capacidades cognitivas. Uma análise da literatura revelou que são poucos os estudos que examinam a forma como os alunos utilizam a tecnologia para se envolverem em tarefas de aprendizagem cognitiva. Alguns estudos utilizaram dados qualitativos, como entrevistas e observações de alunos [23], enquanto outros investigaram o envolvimento dos alunos na aprendizagem em ambientes digitais, mas utilizaram dados qualitativos [24]. Por conseguinte, é útil considerar um quadro a partir do qual se poderia desenvolver um instrumento de medição.

5. Análise temática

A integração das TIC no ensino secundário caracteriza-se por temas comuns, padrões, distinções e variações entre disciplinas. Os estudos analisados sublinham que a integração das TIC não é apenas uma ferramenta essencial para tornar o ensino mais interessante e transmitir competências suficientes do século XXI aos alunos nas escolas secundárias actuais, mas que também desempenha um papel vital na melhoria dos resultados da aprendizagem, na motivação, no empenho e no desenvolvimento do pensamento crítico e inovador dos alunos [25]. Os estudos analisados sublinham que a integração das TIC não é apenas uma ferramenta essencial para tornar o ensino mais interessante e transmitir competências suficientes do século XXI aos alunos nas escolas secundárias actuais, mas que também desempenha um papel vital na melhoria dos resultados da aprendizagem, na motivação, no empenho e no desenvolvimento do pensamento crítico e inovador dos alunos [13], [26]. De facto, vários factores influenciaram e tiveram impacto na integração bem sucedida das TIC em várias disciplinas, podendo ser factores relacionados com os alunos e factores relacionados com os professores. Os factores relacionados com os alunos são aqueles que afectam os processos de aprendizagem dos alunos, enquanto os factores relacionados com os professores dificultam a capacidade do professor de proporcionar experiências de aprendizagem como parte do processo de ensino. Estudos demonstraram que os factores relacionados com os alunos podem ser minimizados através da integração de ferramentas TIC adequadas, em particular ferramentas e métodos que se alinham com os objectivos de aprendizagem, o conteúdo e a pedagogia da disciplina [27], [28]. Para que a integração das TIC seja eficaz, é necessário ter em conta uma série de considerações, como a qualidade das ferramentas e metodologias TIC, o envolvimento dos estudantes, a interação na aprendizagem e os métodos de avaliação a utilizar [13] (Schmitz et al., 2022). Por outro lado, os factores relacionados com os professores, como o desenvolvimento profissional inadequado, a falta de apoio académico suficiente e de conhecimentos pedagógicos, influenciam as atitudes, crenças e comportamentos dos professores, que determinam a sua vontade de integrar as TIC em diferentes disciplinas e a sua integração efectiva.

6. Aplicações das TIC na educação

Durante muito tempo confinadas ao domínio mais afastado dos sistemas educativos, as TIC apareceram pela primeira vez no ensino universitário antes de chegarem às escolas secundárias, à Internet, etc. As TIC são há muito reconhecidas como um meio de demonstrar experiências dispendiosas, difíceis de realizar, perigosas ou para compensar a falta de equipamento [29]. A utilização da tecnologia na sala de aula tem implicações benéficas e potenciais. Os educadores e os alunos devem encará-la como uma oportunidade para ultrapassar os obstáculos à consecução dos seus objectivos [30]. A maioria dos alunos entrevistados em vários inquéritos concordou que a utilização das TIC nas aulas era benéfica e os ajudava a pensar de forma mais crítica e a dar respostas mais fundamentadas nos exames. As TIC permitem que os alunos concluam o seu trabalho em momentos diferentes devido a factores como a aprendizagem autónoma e as diferenças individuais [31], sendo consideradas uma ferramenta poderosa que pode ajudar a melhorar a educação de várias formas, nomeadamente facilitando aos professores a criação de materiais didácticos e proporcionando novos métodos de aprendizagem e educação. Por conseguinte, caberá aos conceptores e educadores utilizar o potencial da tecnologia digital avançada para revolucionar a educação, de modo a que uma educação eficaz e eficiente esteja disponível para todos, em todo o lado [32], [33]. A tecnologia tem continuado a desempenhar um papel fundamental no ensino das crianças, a aprendizagem digital incentiva a criatividade e dá aos alunos um sentimento de realização, encorajando uma maior aprendizagem ao afastar-se das técnicas tradicionais. Todas as nações foram capazes de adotar tecnologias de ensino à distância utilizando uma combinação de televisão, rádio, plataformas em linha e móveis, o que é louvável. Estas tecnologias permitem um acesso fácil à informação, uma retenção fácil, um maior armazenamento e uma melhor apresentação da informação, pelo que a educação se tornou mais interactiva, a partilha de conhecimentos mais fácil e um maior entusiasmo pela aprendizagem[34], [35], [36]. Com o advento das novas tecnologias, os professores devem aprender a utilizar várias tecnologias informáticas no ensino, como os smartphones e os computadores tablet, ou correm o risco de serem marginalizados. Os professores devem também explorar todos os recursos disponíveis em linha para garantir que o seu ensino seja animado, cativante e atualizado. A tecnologia não se limita aos jogos de vídeo e aos filmes de animação; os benefícios são determinados pela forma como os alunos, os pais e os professores utilizam estas técnicas, uma vez que as inovações tecnológicas contribuíram para facilitar a aprendizagem em todos os grupos etários e em todos os domínios. Quando a tecnologia é utilizada eficazmente para fins educativos, a experiência educativa global melhora e, para facilitar o acesso e acelerar a adoção da aprendizagem digital, é importante tornar os sistemas de aprendizagem eletrónica compatíveis com os novos dispositivos inteligentes.

Aplicação

Didática da química e ICTE: para uma pedagogia digital interactiva

[1]Reda El-Mernissi , Abdelali idrissi Taouarti[1]

[1]Direção Provincial de Meknès, Academia Regional de Educação de Fès-Meknès, Ministro da Educação.

Resumo

As tecnologias da informação e da comunicação (TIC) ocupam um lugar importante no mundo da educação e noutros domínios. As TIC tornaram-se uma ferramenta pedagógica importante para a formação e o desenvolvimento dos alunos, tanto em termos de trabalho em equipa como a nível individual. A utilização crescente da simulação no ensino levanta uma série de questões persistentes sobre os mecanismos envolvidos na aprendizagem. O objetivo deste artigo é estudar o impacto da utilização pedagógica de software de simulação no processo educativo, de aprendizagem e de ensino. Este estudo permitiu igualmente mostrar a eficácia da criação de situações simuladas durante o curso intitulado "Transformações espontâneas em baterias e produção de energia" para 384 alunos do 2º ano de bacharelato divididos em 10 turmas de ciências e pertencentes a diferentes opções. Os resultados obtidos mostraram que a utilização de software de simulação nas aulas permite melhorar a qualidade do ensino das ciências químicas, colmatar a falta de trabalhos práticos e permitir aos professores resolver situações complexas.

Palavras-chave: TIC: Tecnologias da informação e da comunicação; professor; aluno.

Introdução

Desde a adoção, em 2005, da estratégia de integração das tecnologias da informação e da comunicação (TIC) no ensino público marroquino, os professores de química do ensino secundário têm sido fortemente encorajados a integrar e a utilizar as TIC como ferramentas pedagógicas nas suas práticas de ensino. A utilização geral das TIC em vários domínios do sector público e privado, mesmo que não atinja o nível exigido, está a acelerar. O domínio da educação é um dos que beneficiam destas ferramentas informáticas [37], [38], [39], e o governo tem empreendido estratégias e esforços para promover a utilização das TIC na educação em geral. As aplicações de simulações no ambiente escolar podem ativar múltiplas competências nos estudantes de química, a fim de formular hipóteses e interpretar resultados [40], [41], [42].

As técnicas de simulação são conhecidas como métodos in silico ou métodos de química computacional [43], e são mais frequentemente utilizadas na investigação científica [44] e, mais especificamente, na conceção de novas moléculas anticancerígenas [45], nomeadamente para o cancro colorrectal [46] e o cancro da mama [47]. Os métodos in silico incluem uma gama muito vasta de métodos numéricos baseados nas leis da física e da química, como a acoplagem molecular (El-Mernissi et al., 2022), o filtro farmacocinético ADME [49] e a simulação dinâmica [50], que podem ser utilizados na descoberta de medicamentos em geral [51].

O nosso objetivo neste artigo é mostrar a importância e a possibilidade de beneficiar das vantagens dos simuladores informáticos no ensino secundário, a fim de ultrapassar e resolver os problemas ligados à complexidade da realização de trabalhos práticos no laboratório e, consequentemente, simplificar e concretizar os fenómenos químicos nos alunos do ensino secundário, integrando os simuladores nas suas práticas pedagógicas.

Contexto

A utilização das TIC no ensino tem várias vantagens, tais como promover a aprendizagem interactiva, apresentar cursos de forma simples e eficaz, facilitar a interação entre o professor e o aluno em todas as situações complexas, melhorar a motivação e otimizar o desempenho. Atualmente, tornou-se necessário que o professor moderno seja formado por estas competências que correspondem às exigências das TIC. Além disso, a falta de equipamento científico nos laboratórios de ciências das escolas e a ausência de preparadores desempenham um papel negativo no desenvolvimento de competências de manipulação, na promoção da aprendizagem de conhecimentos, na motivação dos alunos, na aprendizagem do trabalho autónomo e no trabalho em grupo[52].

Em Marrocos, estudos realizados em 2015 mostraram que 68% dos professores só realizam menos de 50% das experiências programadas nos manuais escolares [53], mas atualmente este número tende a aumentar. Para resolver este problema, o Ministério da Educação marroquino lançou um programa "Nafida 2" para promover o acesso às tecnologias da informação e da comunicação para a família docente, no âmbito do plano decenal 2018-2028.

O nosso interesse por esta atividade digital no ensino secundário é motivado principalmente pelas propostas de que as tecnologias da informação e da comunicação (TIC) podem ser utilizadas para melhorar a aprendizagem dos alunos.

Neste artigo, vamos responder a uma série de perguntas:

- Que impacto tem a utilização das TIC nas práticas de química e na aprendizagem em geral? Que impacto teve a utilização das TIC na aprendizagem dos alunos após a experiência? Qual é o impacto da utilização das TIC na aprendizagem, análise e resolução de problemas dos alunos?

Responderemos a estas questões com base nos resultados da nossa investigação sobre os efeitos das TIC na aprendizagem da química no liceu. Assim, mostraremos a integração da experimentação e das TIC no ensino da química no liceu.

I. Materiais e métodos

Neste estudo, apresentamos os resultados da experiência realizada nos anos lectivos de 2022-2023 e 2023-2024 em 10 turmas. Estes alunos foram divididos em duas secções; uma primeira secção beneficiou apenas da experiência "Transformações espontâneas em pilhas e recolha de energia: Transferência indireta de electrões", estas turmas são: 1 turmas de ciências matemáticas (M1), 2 turmas de ciências da vida e da terra (V1 e V2), e 2 turmas de ciências físicas (P1e P2), depois o questionário é preenchido após a experiência, a segunda secção contém: 1 turma de ciências matemáticas (M2T), 2 turmas de ciências físicas (P3T e P4T), e 2 turmas de ciências da vida e da terra (V3T e V4T), estes alunos beneficiaram da experiência e também da utilização das tecnologias de informação e comunicação (TIC) da mesma aula, depois foi preenchido o mesmo questionário. As escolas envolvidas neste estudo pertencem a dois estabelecimentos diferentes: o Lycée Ouad Elmakazen e o Lycée Anassi1, ambos pertencentes à academia regional de educação e formação de Fès-Meknès. Os alunos da primeira secção preencheram o questionário após a experiência, mas os alunos da segunda secção preencheram o questionário após a experiência e a integração das (TIC), a utilização de ambos os métodos destina-se a testar o desempenho destas técnicas na aprendizagem dos alunos.

1. Manuseamento

A lição intitula-se "Transformações espontâneas em pilhas e recolha de energia: transferência indireta de electrões". A figura 1 mostra as quatro etapas essenciais da experiência desta aula (A, B, C e D).

A figura (A) representa a fase inicial: 50ml de uma solução de sulfato de cobre (II) de concentração C = 0,1mol/l (de cor azul) e uma placa de cobre Cu(s) são colocados no copo A.

Num copo B, introduzem-se 50 ml de uma solução de sulfato de zinco (II) de concentração C = 0,50 mol/l (incolor) e uma placa de zinco Zn(s).

Na figura (B): uma placa de cobre Cu(s) recentemente decapada é imersa numa solução de sulfato de cobre (II) (copo A) e uma placa de zinco Zn(s) recentemente decapada é imersa em sulfato de zinco (II) (copo A). Deixar reagir durante alguns minutos e observar o sistema.

$^{+-}$ Na figura (C), os béqueres das duas soluções (A) e (B) estão ligados por meio de papel de filtro embebido numa solução aquosa de cloreto de potássio K (aq) + Cl (aq) (ponte salina).

Na figura (D), os fios eléctricos, um amperímetro e um interrutor K estão ligados em série entre as duas placas. O pólo COM está ligado à placa de Zn(s) e o pólo A à placa de Cu(s). O interrutor K é fechado e o amperímetro mostra que está a passar uma corrente pelo circuito, com um valor de 0,76mA. Deixa-se a experiência funcionar durante algum tempo, retiram-se as duas placas e observam-se os seus estados. A figura 1 mostra as etapas da experiência.

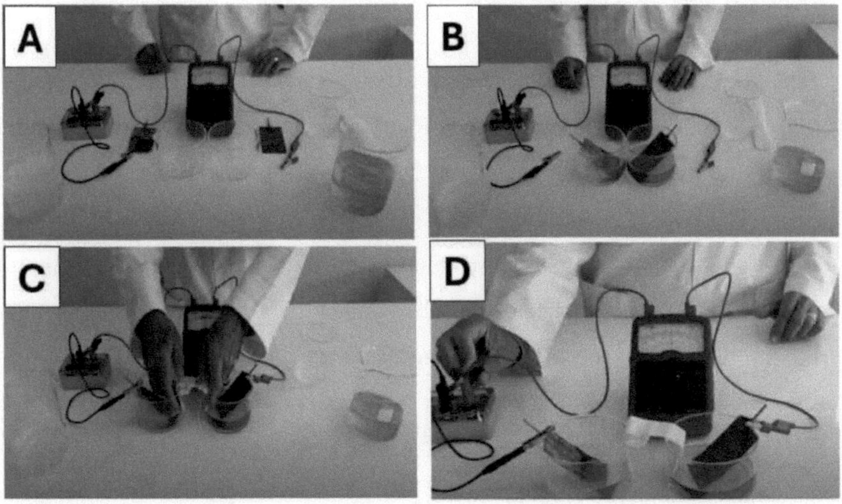

Figura 1: Diagrama esquemático da instalação experimental.

O questionário apresentado:

Q1. Que portadores de carga são responsáveis pelo fluxo de corrente no circuito?

Q2. Qual é o sentido da corrente eléctrica no amperímetro? Consegue deduzir o sentido do movimento dos vários portadores de carga?

Q3. O que acontece nas interfaces metal-solução nas duas placas?

Q4. Qual é o papel da ponte iónica

---

2. Manuseamento e integração das TIC

Depois de termos realizado a mesma experiência da secção anterior, tentámos integrar as Tecnologias de Informação e Comunicação (TIC) noutras cinco turmas: uma turma de Matemática do 2º ano (M2T), duas turmas de Ciências Físicas (P3T e P4T) e duas turmas de Ciências da Vida e da Terra (V3T e V4T), a fim de conhecermos o efeito pedagógico da integração das TIC, para a melhoria do nível de aprendizagem dos alunos, e também para os motivar a fazer uma melhor utilização das tecnologias na educação.

Nesta secção, realizámos a mesma experiência apresentada na Figura 1 e utilizámos o simulador digital de animação Flash "Daniell", aprovado pelo Ministério da Educação de Marrocos.

Como é que utilizo o simulador digital?

Existem várias formas de o fazer: ou descarregando através da ligação "http://pc1.ma/flash2bac/daniell.swf" ou utilizando um suporte de armazenamento (CD USB, etc.). O ficheiro de animação tem uma extensão .swf e pode ser reproduzido em todos os navegadores Web com um suplemento Adobe Flash Player atualizado. Pode não ser compatível com determinados dispositivos móveis. O ficheiro .exe contém a animação e um leitor Flash autónomo.

a. *Materiais didácticos:*

Computador, CD-ROM, projetor de vídeo, estimulador digital Daniell.

O objetivo da animação é simular a experiência de Pille Daniell, mostrando as diferentes fases de funcionamento desta bateria.

b. Diferentes fases da atividade

Quando o recurso digital é aberto, a primeira interface gráfica é ilustrada na Figura 2 abaixo, que mostra um diagrama geral da grelha de Daniell, na qual, depois de clicar na lupa (Figura 2), as bolas verdes se movem do pólo (-) para o pólo (+), facilitando a observação do que está a acontecer na vizinhança do elétrodo (-) à base de Zn(s), ver Figura 3.

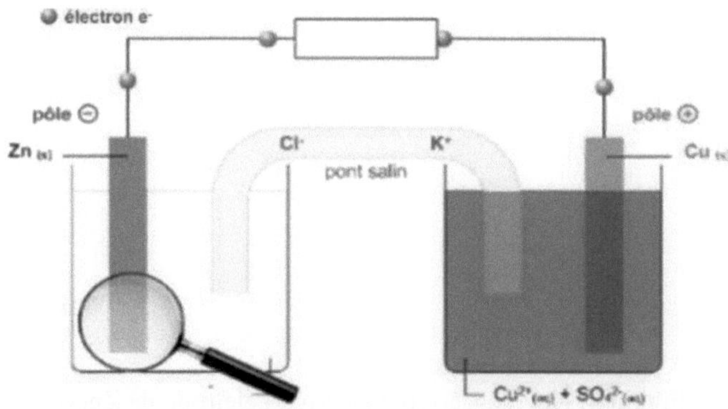

Figura 2: a primeira interface gráfica a aparecer na animação digital.

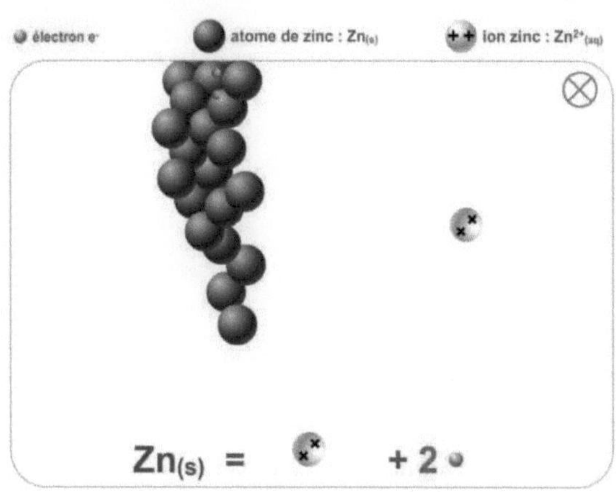

Figura 3: mecanismo de oxidação do Zn(S).

Clicando no ícone ® (figura 3), aparece novamente a figura 4, que mostra a degradação (oxidação) do elétrodo de Zn(s) e um depósito no elétrodo positivo, após o que um simples clique na lupa ao lado do elétrodo (+) facilita a observação do que se passa na proximidade deste elétrodo, ver figura 5.

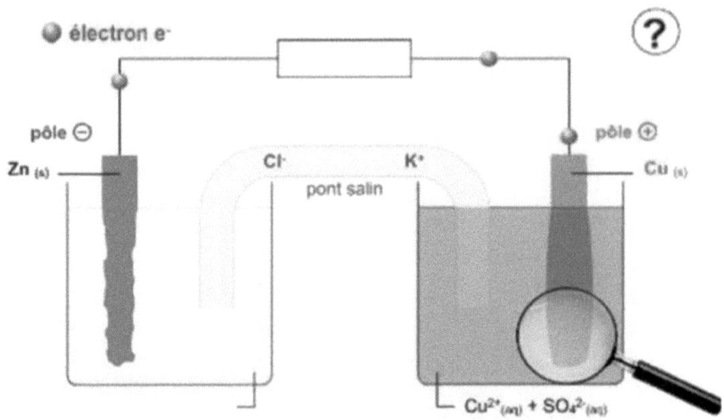

Figura 4: Degradação (oxidação) do elétrodo de Zn(s).

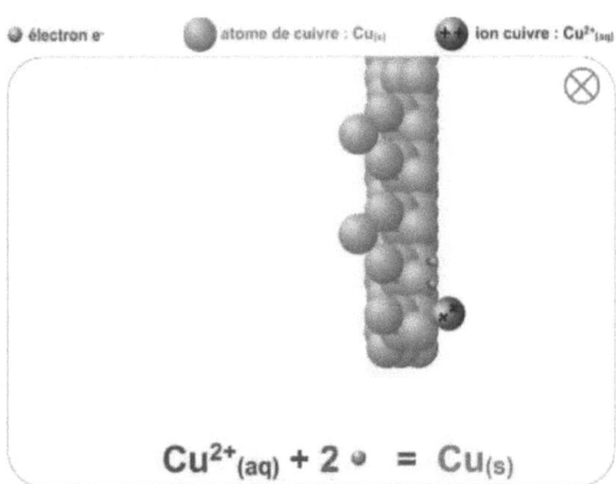

Figura 5: o sistema Cu^{2+}

+-Clicando no ícone ® (figura 5), a interface principal da animação é reexibida e, clicando na ponte salina (figura 4), é apresentado o que se passa na ponte salina, mostrando a mobilidade dos iões positivos e negativos (K (aq) e Cl (aq)) na solução de cloreto de potássio, ver figura 6. A figura 7 mostra o estado final de cada elétrodo no final desta atividade numérica.

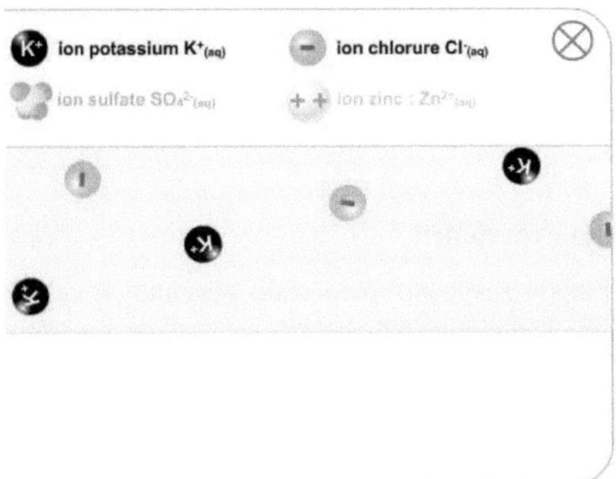

Figura 6: Interior da ponte salina

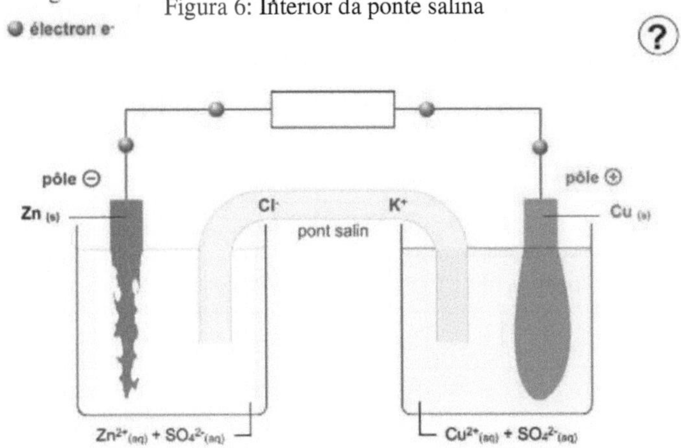

Figura 7: Estado dos eléctrodos no final da simulação

II. Análise dos resultados

O programa de química do liceu é composto por três partes: transformações rápidas e lentas de um sistema químico, transformações não totais de um sistema químico e direção da evolução de um sistema químico. Optámos por estudar a contribuição das TIC para a aula sobre Transformações espontâneas em pilhas e produção de energia. Os resultados do questionário obtidos nos dois estudos são classificados por turma e pela percentagem de respostas a cada pergunta.

1) Resultados da experiência

A percentagem de respostas para cada pergunta é calculada através da seguinte expressão %= 100 x número de respostas corretas + o número total de alunos de cada turma. Os resultados de cada pergunta para todas as turmas são apresentados na tabela 1.

Quadro 1: Resultados para cada pergunta.

As perguntas	As aulas				
	M1	**P1**	**P2**	**V1**	**V2**
Q1	67	55	57	41	50
Q2	68	53	61	43	49
Q3	70	63	59	43	48
Q4	71	60	61	46	50

Os resultados para as opções de correspondência científica (M1) mostram que os alunos responderam a todas as questões com uma percentagem mais elevada do que as outras opções, com todas as percentagens a excederem 67% e a percentagem máxima a atingir 71% na resposta à questão 4.

Os alunos da opção de ciências físicas (P1 e P2) responderam a todas as questões, mas com percentagens inferiores às dos alunos de ciências matemáticas e superiores às dos alunos de ciências da vida e da terra. A Tabela 1 mostra que a percentagem mínima foi de 53% e a máxima de 63%.

Os alunos da opção Ciências da Vida e da Terra (V1 e V2) responderam a todas as questões, mas com percentagens inferiores às dos restantes alunos das opções Matemática e Ciências Físicas. A tabela acima mostra que a percentagem mínima foi de 41%% e a máxima de 50%.

O Microsoft Excel 2024 foi utilizado para representar os resultados deste estudo, e a Figura 8 mostra os gráficos obtidos.

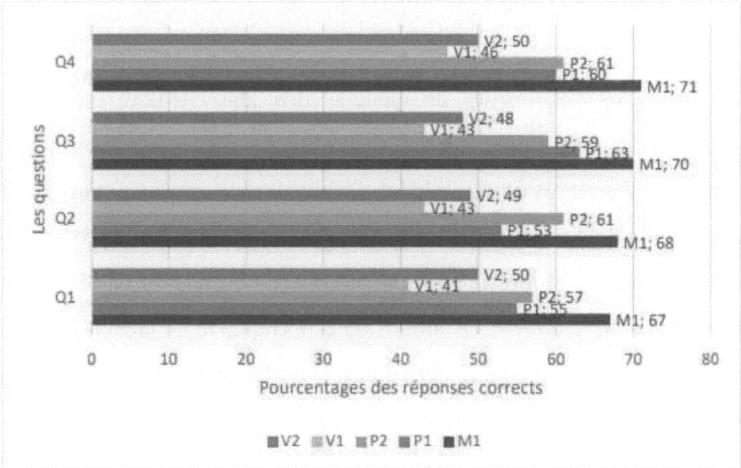

Figura 8: Percentagens de respostas corretas para perguntas sem integração das TIC.

A figura acima mostra que os alunos da turma de ciências matemáticas obtiveram as percentagens mais elevadas em todas as questões, seguidos das turmas de ciências físicas, enquanto os alunos da turma de ciências da vida e da terra obtiveram as percentagens mais baixas em todas as questões.

2) Resultados obtidos através da experiência e da integração das TIC

Após a experiência e a simulação, foi preenchido o mesmo questionário, e os resultados obtidos são apresentados no Quadro 2.

Quadro 2: Resultados para cada pergunta com integração das TIC.

As perguntas	**As aulas**				
	M2T	P3T	P4T	V3T	V4T
Q1	93	85	86	72	73
Q2	88	82	89	75	72
Q3	91	81	81	71	73
Q4	92	86	83	76	74

Os resultados das opções de ciências dos jogos (M2T) mostram que a percentagem mínima atingiu 88% e a máxima 93%, valores superiores às percentagens das outras especialidades. Os alunos das turmas de opção de ciências físicas (P3T e P4T) responderam a todas as questões com percentagens mais elevadas do que os alunos das turmas de opção de ciências da vida e da terra, variando entre 81% e 89%. Os alunos da especialidade de ciências da vida e da terra (V3T e V4T) também obtiveram classificações elevadas e aceitáveis, variando entre 71% e 76%, embora estas classificações sejam ainda inferiores às das outras especialidades. Constatamos que todos os resultados dos alunos incorporaram as Tecnologias de Informação e Comunicação (TIC) e as experiências são excelentes, o que mostra que as TIC têm desempenhado um papel importante e positivo na aprendizagem e compreensão dos fenómenos científicos.

O Microsoft Excel 2024 foi utilizado para transformar os resultados desta simulação em gráficos. A Figura 9 mostra os gráficos de histogramas agrupados.

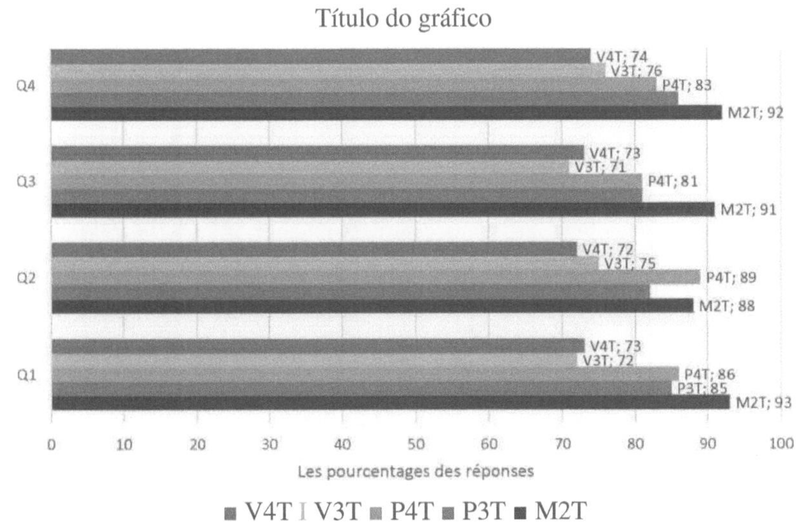

Figura 9: Percentagens de respostas corretas para perguntas com integração das TIC.

A figura acima mostra que os alunos da turma de ciências matemáticas atingem percentagens mais elevadas de respostas corretas para todas as questões, seguidos das turmas de ciências físicas, enquanto os alunos da turma de ciências da vida e da terra apresentam as percentagens mais baixas para todas as questões. De um modo geral, os valores obtidos com a integração das TIC são os mais elevados em todas as especialidades.

3) Estudo comparativo

Nesta secção, apresentamos um estudo comparativo entre os resultados das diferentes turmas: 5 turmas observaram apenas a experiência (M1, P1, P2, V1 e V2), e outras 5 turmas beneficiaram da experiência e da integração da simulação numérica (M2T, P3T, P4T, V3T e V4T), o estudo comparativo é ilustrado na Figura 10.

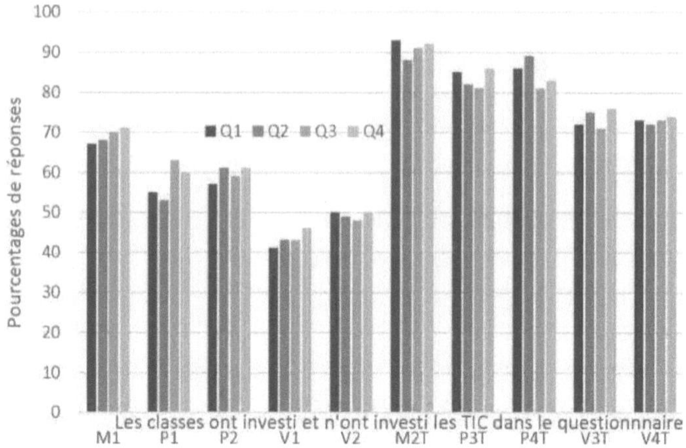

Figura 10: Percentagens de respostas corretas para perguntas sem e com integração das TIC.

Podemos constatar que os alunos que apenas beneficiaram da experiência tiveram percentagens de respostas mais baixas em todas as perguntas e em todas as disciplinas, tendo estas percentagens diminuído mais nas aulas de ciências da vida e da terra.

O estudo comparativo mostra que as percentagens de resposta aumentam para todas as correntes que beneficiaram da experimentação e da integração das Tecnologias da Informação e da Comunicação (TIC), indicando que as TIC desempenham um papel muito importante na aprendizagem dos alunos e mostrando coisas que não podemos mostrar em experiências, como a direção do fluxo de electrões, o fluxo de corrente e a direção do movimento de catiões e aniões em soluções^, estas pistas podem resolver muitos conceitos e problemas para os alunos.

Conclusão

Tentámos destacar a contribuição das novas Tecnologias da Informação e da Comunicação na Educação (TICTE), também mostrámos e explicámos como estas técnicas poderiam contribuir para as mudanças necessárias na aprendizagem dos alunos, juntamente com o trabalho prático em química, ao mesmo tempo que destacámos os obstáculos que dificultam a sua aprendizagem, as técnicas das TIC propõem algumas soluções para resolver e evitar a crise de aprendizagem entre os alunos de que sofre a maioria das aulas de ciências e precisamente no ensino secundário marroquino. Além disso, verificámos que, graças às TIC, os alunos de todas as opções se tornaram mais ansiosos e motivados para aprender, o que aumenta as taxas de resposta para todas as especialidades, estes alunos também se tornaram mais adquirem novos conhecimentos, tornaram-se mais interactivos e aspiram a tornar-se um poder produtivo e interativo noutras aulas, reduzir o insucesso escolar. De um modo geral, a utilização de técnicas TIC no ensino secundário tem várias vantagens, tais como: apresentar as aulas de forma eficaz e simples, promover a aprendizagem interactiva, otimizar o desempenho e melhorar a motivação, a interação entre o professor e o aluno em todas as situações.

Referências

[1] D. S. Niederhauser e D. L. Lindstrom, "Instructional Technology Integration Models and Frameworks: Diffusion, Competencies, Attitudes, and Dispositions," in *Second Handbook of Information Technology in Primary and Secondary Education*, J. Voogt, G. Knezek, R. Christensen, and K.-W. Lai, Eds. em Springer International Handbooks of Education. Cham: Springer International Publishing, 2018, pp. 335-355. doi: 10.1007/978-3-319-71054-9_23.

[2] I. Backfisch, A. Lachner, K. Stürmer e K. Scheiter, "Variabilidade da integração da tecnologia dos professores na sala de aula: uma questão de utilidade!", *Computadores e Educação*, vol. 166, pp. 104159, Jun. 2021, doi: 10.1016/j.compedu.2021.104159.

[3] C. Norris, T. Sullivan, J. Poirot, e E. Soloway, "No Access, No Use, No Impact: Snapshot Surveys of Educational Technology In K#x2013;12," *Journal of Research on Technology in Education*, vol. 36, *no*. 1, pp. 15-27, Sep. 2003. 36, no. 1, pp. 15-27, Sep. 2003, doi: 10.1080/15391523.2003.10782400.

[4] Comissão Europeia. Direção-Geral das Redes de Comunicação, Conteúdos e Tecnologias, Deloitte e Ipsos MORI, *2.º inquérito às escolas: TIC na educação: objetivo 1: avaliar os progressos das TIC nas escolas, relatório final.* LU: Serviço das Publicações, 2019. Acedido em: 21 de agosto de 2024. [Em linha]. Disponível: https://data.europa.eu/doi/10.2759/23401

[5] B. R. Belland, "Using the theory of habitus to move beyond the study of barriers to technology integration", 2009.

[6] V. W. Vongkulluksn, Kui Xie e M. A. Bowman, "O papel do valor na internalização de barreiras externas pelos professores e na externalização de crenças pessoais para a integração da tecnologia na sala de aula", *Computers & Education*, vol. 118, pp. 70-81, 2018, doi: https://doi.Org/10.1016/j.compedu.2017.11.009.

[7] R. Christensen e G. Knezek, "Instruments for Assessing the Impact of Technology in Education," *Computers in the Schools*, vol. 18, n.º 2-3, pp. 525, 2001, do inglês: "Instruments for Assessing the Impact of Technology in Education," *Computers in the Schools*, vol. 18, *n.º 2-3, pp*. 525. 18, no. 2-3, pp. 525, 2001, doi: https://doi.org/10.1300/J025v18n02_02.

[8] G. Knezek e Rhonda ,Christensen, "Extending the will, skill, tool model of technology integration: adding pedagogy as a new model construct," *J Comput High Educ*, vol. 28, pp. 307-325, 2016.

[9] D. L. Lowther, F. A. Inan, J. D. Strahl, e M. Ross, "Does technology integration 'work' when key barriers are removed? 45, n.º 3, pp. 195-213, 2008, doi: .
https://doi.org/10.1080/09523980802284317.

[10] B. Su, "Effective Technology Integration: Old Topic, New Thoughts," *International Journal of Education and Development using ICT*, Mar. 2009, Acedido em: 21 de agosto de 2024. [Online]. Disponível: https://www.semanticscholar.org/paper/Effective-Technology-Integração%3A-Tópico antigo%2C-Novo-Su/86427ffec458a91fff73db941a72b0adc7a792a0

[11] M. Bowman, V. Vongkulluksn, Z. Jiang, e K. Xie, "Teachers' exposure to professional development and the quality of their instructional technology use: The mediating role of teachers' value and ability beliefs," *Journal of Research on Technology in Education*, vol. 54, pp. 188-204, maio de 2022, doi: 10.1080/15391523.2020.1830895.

[12] P. A. Ertmer, Ottenbreit-Leftwich,Anne T, Anne T. Ottenbreit-Leftwich b, Olgun Sadik b, Emine Sendurur c, Polat Sendurur, Olgun Sadik, Olgun, Sendurur, Emine, e Polat Sendurur c, "Teacher beliefs and technology integration practices: A critical relationship," *Computers & Education*, vol. 59, pp. 423-435, 2012, doi: https://doi.org/10.1016Zj.compedu.2012.02.001.

[13] D. Ruggiero e C. J. Mong, "The Teacher Technology Integration Experience: Practice and Reflection in the Classroom," *Journal of Information Technology Education: Research*, vol. 14, pp. 161-178, maio de 2015, Acesso em: 13 ago. 2024. [Online]. Disponível: https://www.informingscience.org/Publications/2227

[14] N. Barrett, J. S. Butler, e E. F. Toma, "Do Less Effective Teachers Choose Professional Development Does It Matter?" *Eval Rev*, vol. 36, no. 5, pp. 346374, Oct. 2012, doi: 10.1177/0193841X12473304.

[15] K. Xie, M. K. Kim, S.-L. Cheng, e N. C. Luthy, "Desenvolvimento profissional de professores por meio de avaliação de conteúdo digital", *Education Tech Research Dev*, vol. 65, no. 4, pp. 1067-1103, Aug. 2017, doi: 10.1007/s11423-017-9519-0.

[16] S.-L. Cheng, L. Lu, K. Xie, e V. W. Vongkulluksn, "Compreendendo a integração da tecnologia do professor a partir de perspectivas de valor de expetativa", *Teaching and TeacherEducation*, vol. 91, p. 103062, maio de 2020, doi: 10.1016 / j.tate.2020.103062.

[17] V. W. Vongkulluksn, K. Xie e M. A. Bowman, "O papel do valor na internalização de barreiras externas pelos professores e na externalização de crenças pessoais para a integração da tecnologia na sala de aula", *Computers & Education*, vol. 118, pp. 70-81, Mar. 2018, do inglês do 10.1016/j.compedu.2017.11.00. 118, pp. 70-81, Mar. 2018, doi: 10.1016/j.compedu.2017.11.009.

[18] P. A. Ertmer e A. T. Ottenbreit-Leftwich, "Teacher Technology Change: How Knowledge, Confidence, Beliefs, and Culture Intersect," *Journal of Research on Technology in Education*, vol. 42, n.º 3, pp. 255-284, Mar. 2010, do doador do *código de barras, em inglês*. 42, no. 3, pp. 255-284, Mar. 2010, doi: 10.1080/15391523.2010.10782551.

[19] F. A. Inan e D. L. Lowther, "Factors affecting technology integration in K-12 classrooms: a path model," *Education Tech Research Dev*, vol. 58, no. 2, pp. 137-154, Abr. 2010, doi: 10.1007/s11423-009-9132-y.

[20] J. L. Harris, M. T. Al-Bataineh, e A. Al-Bataineh, "One to One Technology and its Effect on Student Academic Achievement and Motivation", *CONTEMP EDUC TECHNOL*, vol. 7, n.º 4, Out. 2016, doi: 10.30935/cedtech/6182.

[21] K. A. Lawless and J. W. Pellegrino, "Professional Development in Integrating Technology Into Teaching and Learning: Knowns, Unknowns, and Ways to Pursue Better Questions and Answers," *Review of Educational Research*, vol. 77, no. 4, pp. 575-614, Dec. 2007, doi: 10.3102/0034654307309921.

[22] R. S. Davies, "Understanding Technology Literacy: A Framework for Evaluating Educational Technology Integration," *TECHTRENDS TECH TRENDS*, vol. 55, n.º 5, pp. 45-52, Set. 2011, doi: 10.1007/s11528-011-0527- 3.

[23] H. Heflin, J. Shewmaker, and J. Nguyen, "Impact of mobile technology on student attitudes, engagement, and learning," *Computers & Education*, vol. 107, pp. 91-99, Abr. 2017, doi: 10.1016/j.compedu.2017.01.006.

[24] D. Gasevic, J. Jovanovic, A. Pardo, e S. Dawson, "Detecting Learning Strategies with Analytics: Links with Self-reported Measures and Academic Performance", *Learning Analytics*, vol. 4, no. 2, Jul. 2017, doi: 10.18608/jla.2017.42.10.

[25] M. M. Msafiri, D. Kangwa e L. Cai, "A systematic literature review of ICT integration in secondary education: what works, what does not, and what next? 2, no. 1, p. 44, Nov. 2023, doi: 10.1007/s44217-023-00070- x.

[26] E. Karahan, S. C. Bilici, e A. Ünal, "Integration of Media Design Processes in Science, Technology, Engineering, and Mathematics (STEM) Education", *EJER,* vol. 15, no. 60, pp. 221-240, Sep. 2015, doi: 10.14689/ejer.2015.60.15.

[27] K. E. Lees *et al*, "NUCare: Avanço da investigação sobre a integração tecnológica para a autogestão na população idosa", *Nursing Outlook*, vol. 66, n.º 2, pp. 121-129, Mar. 2018, doi: 10.1016/j.outlook.2017.10.008.

[28] N. Smeda, E. Dakich, e N. Sharda, "The effectiveness of digital storytelling in the classrooms: a comprehensive study", *Smart Learn. Environ.* 1, no. 1, p. 6, Dez. 2014, doi: 10.1186/s40561-014-0006-3.

[29] S. D. Milner e A. M. Wildberger, "Determining appropriate uses of computers in education", *Computers & Education*, vol. 1, no. 2, pp. 117-123, Jan. 1, no. 2, pp. 117-123, Jan. 1977, doi: 10.1016/0360-1315(77)90006-9.

[30] R. Raja e P. C. Nagasubramani, "Impact of modern technology in education", *jaar*, pp. S33-S35, maio de 2018, doi: 10.21839/jaar.2018.v3iS1.165.

[31] A. Haleem, M. Javaid, M. A. Qadri, e R. Suman, "Compreendendo o papel das tecnologias digitais na educação: uma revisão", *Operações e computadores sustentáveis*, vol. 3, pp. 275-285, 2022, doi: 10.1016/j.susoc.2022.05.004.

[32] V. Varea, G. Gonzalez-Calvo, e A. Garda-Monge, "Explorando as mudanças da educação física na era da Covid-19", *Educação Física e Pedagogia do Desporto*, vol. 27, no. 1, pp. 32-42, Jan. 2022, doi: 10.1080/17408989.2020.1861233.

[33] R. N. Carvalho, C. E. F. Monteiro, and M. N. P. Martins, "Challenges for university teacher education in Brazil posed by the Alpha Generation," *REALIA*, no. 28, p. 61, Jan. 2022, doi: 10.7203/realia.28.21408.

[34] J. Hsu, "Innovative Technologies for Education and Learning: Education and Knowledge-Oriented Applications of Blogs, Wikis, Podcasts, and More", *Int. J. Inf. Commun. Technol. Educ.* pp. 70-89, 2007, Acesso em: 27 ago. 2024. [Em linha]. Disponível: https://www.semanticscholar.org/paper/Innovative-Technologies-for-Education-and-Learning%3A-Hsu/3f583d37e74e42f5f66b82c79c8557e1514abc93

[35] R. Grainger, Q. Liu e S. Geertshuis, "Learning technologies: A medium for the transformation of medical education?", *MedEduc,* vol. 55, n.º 1, pp. 23-29, Jan. 2021, doi: 10.1111/medu.14261.

[36] E. Lacka e T. C. Wong, "Examinar o impacto das tecnologias digitais nos resultados do ensino superior dos estudantes: o caso do ambiente virtual de aprendizagem e das redes sociais," *Studies in Higher Education*, vol. 46, n.º 8, pp. 1621-1634, Aug. 2021. 46, n.º 8, pp. 1621-1634, ago. 2021, doi: 10.1080/03075079.2019.1698533.

[37] T. Daubenfeld e D. Zenker, "A Game-Based Approach to an Entire Physical Chemistry Course," *J. Chem. Educ.* vol. 92, no. 2, pp. 269-277, Fev. 2015, doi: 10.1021/ed5001697.

[38] J. Seibert, C. W. M. Kay e J. Huwer, "EXPlainistry: Criando documentação, explicações e visualizações animadas de experimentos de química apoiados por tecnologia de informação e comunicação para ajudar os alunos da escola a entender as interações de nível molecular", *J. Chem. Educ*, vol. 96, no. 11, pp. 2503-2509, Nov. 2019, doi: 10.1021/acs.jchemed.8b00819.

[39] K. Suh, T. Smith, e M. Linhoff, "Leveraging Socially Networked Mobile ICT Platforms for the Last-Mile Delivery Problem," *Environ. Sci. Technol.* vol. 46, no. 17, pp. 9481-9490, Sep. 2012, doi: 10.1021/es301302k.

[40] M. Gawlik-Kobylinska, W. Walkowiak, e P. Maciejewski, "Melhoria de um mundo sustentável através da aplicação de ferramentas didácticas inovadoras no ensino da química verde: uma revisão," *J. Chem. Educ*, vol. 97, no. 4, pp. 916924, Abr. 2020, doi: 10.1021/acs.jchemed.9b01038.

[41] T. Gupta e R. E. Belford, "Conclusion: Technology Integration in Chemistry Education and Research: What Did We Learn and What Can We Expect Going Forward?", in *ACS Symposium Series*, vol. 1318, T. Gupta e R. E. Belford, Eds, Washington, DC: American Chemical Society, 2019, pp. 281-301. doi: 10.1021/bk-2019-1318.ch018.

[42] R. A. Tigaa e S. L. Sonawane, "An International Perspective: Teaching Chemistry and Engaging Students During the COVID-19 Pandemic," *J. Chem. Educ*, vol. 97, no. 9, pp. 3318-3321, set. 2020, doi: 10.1021/acs.jchemed.0c00554.

[43] R. EL-Mernissi *et al*, "Desenho de novos derivados de quinolinas como inibidores de carcinoma hepatocelular usando abordagens in silico", *Biointerface Res Appl Chem*, vol. 13, no. 3, pp. 1-15, Jun. 2022, doi: 10.33263/BRIAC133.217.

[44] R. El-Mernissi *et al*, "In silico studies of novel styrylquinoline derivatives as tubulin polymerization inhibitors against human ovarian carcinoma," *Malaysian Journal of Biochemistry & Molecular Biology*, pp. 117-129, 2022.

[45] R. El-Mernissi *et al*, "3D-QSAR, docagem molecular, simulação dinâmica e estudos ADMET sobre novos derivados de quinolinas contra a atividade do carcinoma colorrectal," *Journal of Biomolecular Structure and Dynamics*, vol. 42, no. 7, pp. 3682-3699, maio de 2024, doi: 10.1080/07391102.2023.2214233.

[46] R. El-Mernissi *et al*, "New compounds based on 1H-pyrrolo[2,3-b] pyridine as potent TNIK inhibitors against colorectal cancer cells. Molecular modeling studies," *Moroccan Journal of Chemistry*, vol. 11, no. 1, pp. 20-33, 2023.

[47] R. EL-Mernissi *et al*, "3D-QSAR, docking molecular, ADMET, dinâmica de simulação e estudos de retrosíntese sobre novos derivados de estirilquinolinas contra o cancro da mama," *Open Chemistry*, vol. 22, no. 1, p. 20240041, Jun. 2024, doi: 10.1515/chem-2024-0041.

[48] R. El-Mernissi *et al*, "3D- QSAR, ADMET, and Molecular Docking Studies for Designing New 1,3,5-Triazine Derivatives as Anticancer Agents," *Egyptian Journal of Chemistry,* vol. 65, no. 132, pp. 9-18, Dec. 2022, doi: 10.21608/ejchem.2022.76000.3715.

[49] L. El Mchichi *et al*, "In silico design de novos derivados de pirazol contendo esqueleto de tioureia como agentes anticâncer usando: 3D QSAR, estudos de semelhança de drogas, previsão de ADMET e docagem molecular", *Materials Today: Proceedings*, vol. 45, pp. 7661-7674, 2021, doi: 10.1016/j.matpr.2021.03.152.

[50] R. El-Mernissi *et al*, "2-Oxoquinoline Arylaminothiazole Derivatives in Identifying Novel Potential Anticancer Agents by Applying 3D-QSAR, Docking, and Molecular Dynamics Simulation Studies," *J. Mex. Chem. Soc.* vol. 66, no. 1, pp. 79-94, Dez. 2021, doi: 10.29356/jmcs.v66i1.1578.

[51] R. EL-Mernissi *et al*, "Projeto de novo indol 3, 5-dissubstituído como agentes anticâncer hematológicos usando 3D-QSAR, docking molecular e estudos de semelhança com drogas", *Materials Today: Proceedings*, vol. 45, pp. 7608-7614, 2021, doi: 10.1016/j.matpr.2021.03.080.

[52] A. Nejjari e I. Bakkali, "L'usage des TIC à l'école marocaine: état des lieux et perspectives," *Hermès*, vol. n° 78, no. 2, p. 55, 2017, doi: 10.3917/herm.078.0055.

[53] M. Chekour, M. Laafou, e R. Janati-Idrissi, "Factors influencing concept acquisition in electricity," https://adjectif.net, Aug. 2015, Accessed: Jul. 26, 2024. [Online]. Disponível: https://adjectif.net//spip.php?article354

Printed by Books on Demand GmbH, Norderstedt / Germany

MIX
Papier aus verantwortungsvollen Quellen
Paper from responsible sources
FSC® C105338

FSC
www.fsc.org

Printed by Books on Demand GmbH, Norderstedt / Germany